ヤドカリ

育てて、しらべる
日本の生きものずかん 9

監修　奥野淳兒　千葉県立中央博物館 分館
海の博物館研究員
撮影　佐藤 裕
絵　Cheung*ME

集英社

もくじ

ヤドカリはしおだまりのにんきもの

とがった足で岩場をらくらくあるいているよ。
手を出すと、さっと貝にとじこもるんだ。

しおがひいた海べで、岩から岩へと　おさんぽしているよ。どこへいくのかな。

ヤドカリは、エビやカニと同じ、10本の足をもつ、甲かく類のなかまです。

てきがくると　すぐに貝がらにひっこむ、こわがりやさん。カタツムリとちがって、せおっている貝がらは、体の一部ではなく、まき貝のからです。

知らないことだらけのヤドカリを見つけに、近くの海べに行ってみましょう。

両手にいっぱい。こんなに　たくさんつかまえたよ。いちばん大きいのはどれかな。

体のつくりを見てみよう

貝がらから出ると
すごい体なんだね。

しゅるいによって、ハサミは、右が大きいもの、左が大きいもの、りょうほう、同じくらいと、ばらばらだよ。

目

にょきっと　つきだした、ふしぎな目。でも、あまりよく見えないんだ。

ハサミ足

えさをちぎったり、貝がらをつかむよ。大きければ、大きいほど　いばれるんだ。

甲

カニの甲ほどではないけど、おなかよりはかたいんだ。

貝がらを　せおっているのは、てきから　みをまもるためだよ。これなら　あんしんだね。

触角

みじかいほうを第1触角、長いほうを第2触角というよ。

足

あるくために　つかうから、歩脚という。小さなギザギザがあって、岩にしっかり　しがみつけるよ。あと2対小さな足があって、貝がらの中のゴミを出すよ。

口

ちぎったえさを　しっかりおさえるアゴ脚があるよ。小さな歯もあるんだ。

おなか

やわらかいおなかは、まき貝に入りやすいように、右がわに　ねじれているんだ。

しっぽ

おなかよりもかたく、貝がらから　すべってぬけないように、先がザラザラしているよ。

日本にいるヤドカリ大集合

日本にいるヤドカリは　やく200しゅるい。みんなの近くにすんでいるのはどれかな。

しおだまりの　しゅやく
ホンヤドカリ

生息地域／北海道以南
体長／30mm

みんなが行く海にも、きっといるヤドカリだよ。体はみどり色だけど、足の先が白い。

ホンヤドカリは、日本各地にすんでいるけど、沖縄にはいないよ。

右と左のハサミの大きさは同じくらい。おどろいても、しばらくするとかおを出すよ。

足の先が黄色いよ
イソヨコバサミ

生息地域／房総半島以南
体長／30mm

ヤドカリのなかでも、こわがりな　せいかく。
体にくらべて、大きい貝がらが大すきだよ。

■生息地域は、おおよその地域です。
■体長は、成体の足を広げた幅のおおよその長さです。

いそにいるヤドカリ

赤い触角にビックリ！

ホシゾラホンヤドカリ

生息地域／房総半島以南
体長／30mm

赤い触角がアンテナみたいで、かっこいいね。ハサミ足には長い毛が生えているんだ。

足のたてじまもようが　おしゃれ！

クロシマホンヤドカリ

生息地域／房総半島以南
体長／20mm

足にたてじまが入っている、いそのおしゃれくん。今日も貝がらをさがしにいくのかな。

ふさふさの毛が あったかそう

ケブカヒメヨコバサミ

生息地域／北海道以南
体長／30mm

オレンジの足に、毛がいっぱい生えているんだ。いその少しふか目のところにいるよ。

海のそこにいるヤドカリ

いそに　すんでいるものよりも、大きな体のヤドカリばかり。

イソギンチャクと、大のなかよし
ソメンヤドカリ

生息地域／房総半島以南
体長／100mm

夜になると　うごきだすよ。貝がらに友だちのベニヒモイソギンチャクをつけるんだ。

はくりょく　まんてん！
ケスジヤドカリ

生息地域／本州中部以南
体長／150mm

水のふかさが20～200mのところに　すんでいる。口が大きくて、強そうだね。

右のハサミが
とっても大きい！
ベニホンヤドカリ

生息地域／本州中部以南
体長／80mm

10mくらいの　ふかさにいるよ。まっ赤な体と大きな右のハサミが目じるしなんだ。

ハサミと足の　長い毛がいたそう
イシダタミヤドカリ

生息地域／房総半島以南
体長／100mm

あさい海の、岩がたくさんあるところにいるよ。左のハサミが大きくなっているんだ。

赤い体と、みどり色の目がきれい
イボアシヤドカリ

生息地域／房総半島以南
体長／80mm

左のハサミのくぼみが　とくちょうだよ。みどり色の目が　ほうせきみたいで、きれいだね。

あたたかい海のヤドカリ

南の海には、色がきれいなしゅるいがいっぱい。
なまえも、おもしろいヤドカリがいるね。

せまい貝がらでも　へっちゃら

オイランヤドカリ

生息地域／伊豆大島以南、インド・西太平洋
体長／40mm

色が赤いものと、黒いものの２しゅるい　いるんだ。入り口がせまい貝がらにも入るよ。

大きなハサミで、ふたをする

スベスベサンゴヤドカリ

生息地域／房総半島以南、インド・西太平洋
体長／20mm

左の先が白い、大きなハサミは、貝がらにもぐったときに　ふたにもなるよ。

入り口のせまい貝がらが大すき！

ベニワモンヤドカリ

生息地域／房総半島以南、インド・西太平洋
体長／20mm

体がひらべったいから、入り口がせまい貝がらに入っているよ。白い体が見えているね。

しおだまりで、すごく目立つ
ユビワサンゴヤドカリ

生息地域／房総半島以南、インド・西太平洋
体長／30mm

波のあらい、しおだまりで見つけることができるよ。青色なんてめずらしいね。

足のしまもようが　とくちょうだよ
タテジマヨコバサミ

生息地域／奄美大島以南、インド・西太平洋
体長／20mm

こけや海そう、さかなのしがいなど、いろいろ食べるよ。海をきれいにするんだね。

足の色から　なまえがつけられた
アカツメサンゴヤドカリ

生息地域／伊豆大島以南、西太平洋
体長／10mm

ふかさ20ｍくらいのところに　たくさんすんでいるよ。足先の色から　なまえがつけられたんだ。

陸にいるヤドカリ

陸でくらすヤドカリだよ。天然記念物だから、かってにつかまえてはダメ。

ロボットみたいな、茶色の体
オカヤドカリ

生息地域／沖縄県以南
体長／70mm

茶色の体がロボットみたいで　かっこいいよね。
木のぼりが　とくいなんだよ。

色がちがっても同じヤドカリだよ

なく声が　きこえるかな
ナキオカヤドカリ

生息地域／紀伊半島以南
体長／70mm

キイキイとなくから　このなまえがついたんだよ。ないている声を、きいてみたいね。

色がこい

色がうすい

げんきに　うごきまわる
ムラサキオカヤドカリ

生息地域／本州中部以南
体長／70mm

小さいときはクリーム色。大きくなると　むらさき色になるんだ。ナキオカヤドカリと　にてるね。

見わけ方

目の下に、シミがあるのがナキオカヤドカリ。よーく見てね。わかるよね。

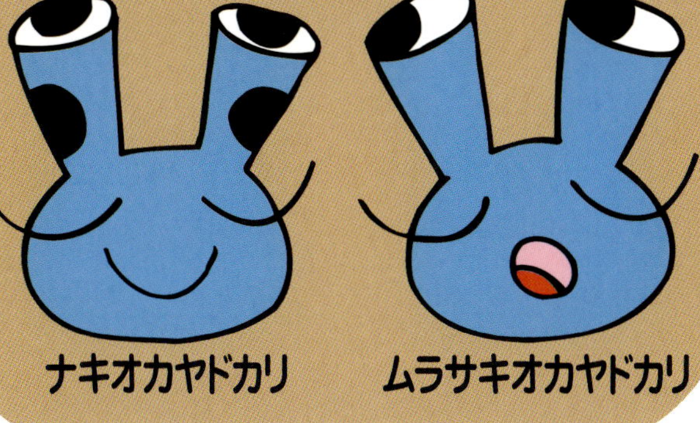

ヤドカリくん　なにをして　いるの

しおが　ひいたら　しおだまりを
のぞいてみよう。
ヤドカリたちが
たのしそうに
あそんでいるよ。

ヤドカリのひっこしだよ

ひっこしは大すき。あたらしい貝がらを見つけると、大きさをはかったり、きれいにそうじをしたり、大いそがしだね

1

家が小さいよ
もっと大きな家に
すみたいなぁ〜

体が大きくなると、いままですんでいた貝がらが　きゅうくつになるよね。さっそく　家をさがしに　しゅっぱつ！

あいている
貝を見つけた！

2

あいている貝がらを見つけた。どんな形をしているのか、貝がらのまわりを　しらべるんだ。

家にするのは どの貝かな

いちばんすきなのは、クルクルした　まき貝。アサリのような　二まい貝には入らないんだ。

貝がらの大きさをはかるよ

からの貝がらが見つかると、ハサミ足をつかって、入り口の大きさや中の大きさを、ていねいに はかるよ。

5 ゴミ、みっけ！

あたらしい家に、前にすんでいたヤドカリのゴミをはっけん。ハサミ足をつかって とり出したよ。

4 ウー

貝がらの中は、おくまで きちんとしらべるよ。おもいきり体をのばして がんばっているね。

3 どれどれ

あたらしい家の大きさは どのくらいかな。貝がらのまわりを しらべたら、つぎは のぞきこんでしらべるよ。

からを　うばうこともあるよ!

からの貝がらばかりを　さがしているんじゃないよ。べつの貝がらだって、ほしいとおもったら、さあケンカだ。

1

すみたい貝がらにヤドカリがいると、じぶんの貝がらをぶつけて、おいだそうとするよ。

ゴミは、前に入っていたヤドカリが脱皮した　ぬけがらや、小石など。なんどもなんども　そうじしているよ。

いよいよ　ひっこしだ。あっというまだから、よく見ていないと、見のがしてしまうよ。

あたらしい家にひっこした。それまですんでいた貝がらを　かた手でつかんだまま、しっぽから貝がらに入るんだ。

3

こうさんしたほうは、
しかたなく、のこった
からの貝がらに入るよ。
これでケンカはおわり。

2

こうさんさせると、じ
ぶんの貝がらを　しっ
かりもったまま、あい
ての貝がらに
入るんだ。

9

ひっこし おわり!

入って気にいらないと、すぐ出てしまう
こともあるんだ。このヤドカリは、どう
やら　すみごこちが　いいみたいだね。

ヤドカリをとりにいこう

しおだまりで、きれいな貝がらのヤドカリをいっぱい見つけよう！

ぼうしは わすれちゃダメ！

よく晴れた日に　いそあそびをすると、あつさのせいで　ねっしゃ病になる。かならず　ぼうしをかぶろう。

くつは　すべりにくいものを！

しおだまりは　ぬれていたり、ノリが生えていて、すべりやすいよ。ころんでケガをしないように、はきなれた　くつをはこう。

ちゅうい

- ◎ おとなといっしょに行こう！
- ◎ 時間に気をつけてね！

かんちょうのときにさがそう

海には、かんちょうと　まんちょうという　ちがいがあるよ。かんちょうになると、しおがひいて、たくさんのしおだまりができる。

まんちょうとかんちょうのちがい

まんちょうのときは海水のりょうが多い。かんちょうになると、りょうがへって　しおだまりができるよ。

出てくる、出てくる ハサミが出たぞ

つかまえたヤドカリが
おどろいて貝がらに
もぐっちゃった。
出てくるのかな。

1

はじめは大きなハサミで　ぴたっとふたをしていたよ。でも　すこししたら、もぞもぞ。

2

てきは　いなくなったと　おもったのかな。かおを出した。あんしんは　していないぞ。

3

貝がらが　ひっくりかえっているから、さあたいへん。はやく　おきあがらなくっちゃ。

貝がらに体を入れて、もうあんしん。それっ、みんなのところへ　はやく行こうっと。

おもいきり体をのばして、しっかり岩をつかんだら、貝がらをひっぱって　おこしたよ。

まいにち、どんなこと しているのかな

ふしぎなことが　いっぱいの
ヤドカリの生活を
ちょっと　のぞいてみよう！

食べる

さかなのしがいや海そうなどが大すきだ。ハサミ足をつかって、じょうずに食べるんだよ。

天てき

タコや、アゴの強いさかながこわいてきだ。貝がらごとバリバリと食べられちゃうんだ。

なかよし

あいてを　つかんでいるのがオスで、つかまれているのがメス。交尾をする　じゅんびなんだ。オスはずっと　メスをつかんでいるよ。

いそのなかまたち

いそでは、ヤドカリのほかにも　いろいろな
生きものが見つかるよ。

ヨメガカサ

3㎝くらいの小っちゃな貝を見つけたよ。岩にしっかりとくっついている。

エビ

体がすけていたり、色がきれいなエビが　たくさんいるよ。にげ足がはやいから　つかまえにくい。

イソクズガニ

どこにいるか、わかるかな。甲らに海そうの　きれはしなどを　つけて、かくれるのがとくいなんだ。

生きものの　しがいじゃないよ。これは、
カニが脱皮したあとの　ぬけがらなんだ。

フジツボ

貝に見えるけど、エビやカニと同じ、甲かく類なんだ。岩にたくさん　くっついているよ。

ウミウシ

左が頭なんだよ。牛のような角があるよね。さわると　ちぢむよ。

ハコフグ

あさい海で、ゆっくり　およいでいるよ。かおが　ぷくぷくして、とてもかわいいんだ。

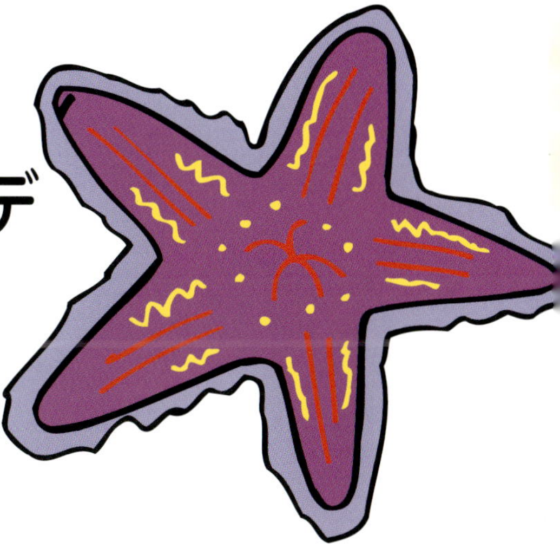

ヒトデ

貝などを食べて生活しているよ。体の一部が切れても、もとにもどる力があるんだ。

イソギンチャク

どくをもっている　しゅるいもいるよ。さされてしまうから、手でさわっちゃダメだよ。

フナムシ

海べに　たくさんいるんだ。にげ足がものすごくはやいよ。すこしなら、およぐこともできるぞ。

ヤドカリの一生

ヤドカリの一生を　しょうかいするね。脱皮をくりかえして、せいちょうしていくよ。

生まれてすぐ

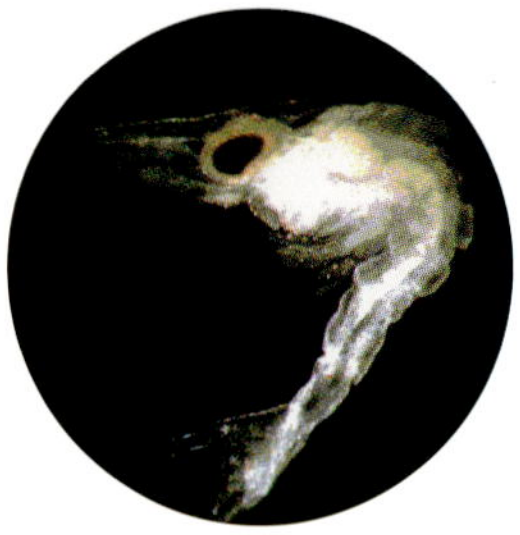

海にぷかぷかと　ただよっているよ。ゾエア幼生といわれるんだ。

生まれて21日

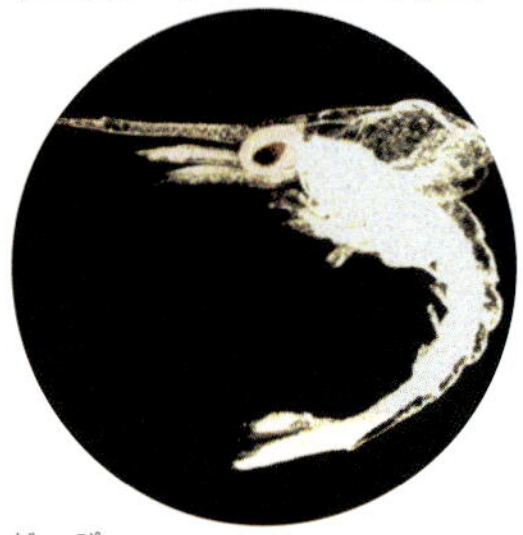

脱皮すると、だんだんヤドカリっぽくなってきたね。

幼生

生まれたばかりのヤドカリは、親のヤドカリとは　まったくちがう形だね。

生まれて50日

メガロパ幼生というよ。まだ、おなかがまっすぐなんだ。

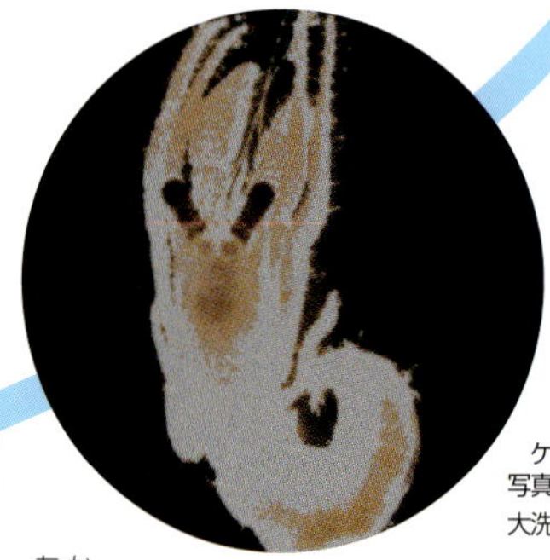

写真の幼生は
ケスジヤドカリ
写真／アクアワールド茨城県
大洗水族館

赤ちゃんヤドカリ

生まれて2カ月ぐらい。貝の大きさを、ちゃんと　はかれるようになっているよ。

けっこん

オスとメスは交尾(こうび)するよ。交尾(こうび)は　おたがい貝(かい)がらから　みをのりだしてするんだ。

産卵(さんらん)

１回(かい)に300～1000コのたまごをうむよ。産卵(さんらん)してすぐの　たまごは直(ちょっ)けいが0.5㎜ほど。

大(おお)きいヤドカリ

さらに脱皮(だっぴ)して、大(おお)きなヤドカリに。体(からだ)が大(おお)きくなるにつれて、ひっこしをくりかえすんだ。

小(ちい)さいヤドカリ

赤(あか)ちゃんヤドカリから脱皮(だっぴ)をして、小(ちい)さいヤドカリになるよ。貝(かい)がらも、まだまだ小(ちい)さなものをつかうんだ。

ヤドカリをかってみよう

うごくすがたが、とてもかわいいよ。じょうずに育てるコツをしっかりおぼえよう。

ヤドカリは海にすんでいる生きものです。かう場合は海水がひつようです。しょくえんを水にまぜるのではダメ。ヤドカリはよわってしまうでしょう。人工海水をきちんとつくって、かってあげましょう。じょうずにかえば、長いあいだ　いっしょにいられます。

えさは うっているものでだいじょうぶ

うっているえさはもちろんだけど、にぼしや　おきあみなど、いろんなものを食べるよ。

ようい するもの

水そう

よこはばが30cmくらいの水そうで、10ぴきくらいをかうことができるよ。

＋

フィルター

水のこまかいよごれをとって、きれいにしてくれるんだよ。

＋

水

＋

人工海水のもと

人工海水

しお水ではなくて、海水でないとヤドカリは　しんでしまうよ。

＋

植木ばちの　かけら

ヤドカリのかくれ場所になるんだ。ほかのものでもいいよ。

＋

サンゴすな

海の生きものが　くらしやすい海水に　たもってくれるよ。

かくれる場所を つくってあげよう

植木ばちの　かけらや石で、かくれる場所をつくってあげよう。ヤドカリはよわい生きものだから、てきに見つからないところは大すきなんだ。

食べのこした　えさは とってあげよう

食べのこしを　そのままにしておくと、水がよごれて、ヤドカリがよわってしまうんだ。

ヤドカリおもしろちしき

ヤドカリのこと、もっとくわしく　おしえるよ！

ヤドカリって、なんしゅるい　いるの？

世界にやく1500しゅ

ヤドカリは、世界で1500しゅるい。日本で200しゅるいいるんだよ。大きく、ふたつのグループにわけると、ヤドカリ科とホンヤドカリ科にわかれるよ。こんなにたくさんのしゅるいがいるなんて、おどろきだね。

日本にやく200しゅ

世界最大のヤドカリは？

南太平洋にすんでいる、チモールオオヤドカリなんだよ。足をひろげたはばが、なんと70㎝もあるんだ。大きすぎて、貝がらから体がはみだしているんだよ。さかなもびっくりしてしまうね。

タラバガニはカニじゃないよ

おみせでうっているタラバガニも、ヤドカリのなかまなんだって。足のかずや　つくりなど、ヤドカリににているところがあるからなんだ。

写真／有馬啓人、奥野淳兒

こんな、しゅるいのヤドカリもいるよ!!

カニみたいで、ヤドカリだったり、ヤドカリには　おもしろい　しゅるいが、いっぱいいるんだ。そのなかから3しゅるい、しょうかいするよ。

マルミカイガラカツギ

まき貝に入らずに、二まい貝をせおうかわりもののヤドカリなんだ。

ニシキカンザシヤドカリ

カンザシゴカイがつくった、まっすぐな穴が貝がらのかわりだよ。

ふつうのヤドカリとちがって、おなかがまっすぐ。エビみたいだね。

イソカニダマシ

足のかずを　かぞえてみて。カニならあと2本あるはずだよね。

おもしろ ヤドカリちしき

これを知っていれば　きみもヤドカリはかせだ。

イソギンチャクをつけたヤドカリもいるよね

てきの　いやがるイソギンチャクをつけて、じぶんをまもっているんだ。大きなヤドカリは、イソギンチャクを3つも4つもつけるよ。

オカヤドカリが黒しおにのって北の海岸にやってくるんだ

南の海で生まれたオカヤドカリの幼生が、黒しおのながれで、北のほうにある紀伊半島や八丈島にやってきて、親になって見つかることがあるんだよ。生まれた南の海から、海のしおのながれにのって　とおくまで　はこばれてくることがあるんだね。

オスとメスはどこで見わけるの？

足のつけねの形で見わけるんだよ。でも、つけねは貝がらの中なので見れないし、形もよくにているんだ。カニはおなかの形でかんたんにわかるけど、ヤドカリはざんねんだね。

うんちは どこにするの？

しっぽのつけねからうんちを出すよ。出たうんちは足をつかって貝がらの そとへ出すんだ。じぶんの貝がらに のこったままはいやだよね。

よそのヤドカリをにがしたらダメだよ

ちがう場所に すんでいたヤドカリを、かってに にがしたら、もともとすんでいたヤドカリと、大ゲンカをしてしまうよ。だから、にがしてあげるときは、とった場所じゃないとダメなんだ。

監修／奥野淳兒 千葉県立中央博物館 分館
海の博物館研究員
撮影／佐藤 裕
絵／Cheung*ME
装丁・デザイン／M.Y.デザイン
（赤池正彦・吉田千鶴子）
編集／エディトリアル・オフィス・ワイズ
（久保山公司）
校閲／鋤柄美幸
取材協力／やどかり屋

育てて、しらべる
日本の生きものずかん 9
ヤドカリ

2006年2月28日 第1刷発行
2016年6月 6 日 第2刷発行

監修 奥野淳兒
発行者 鈴木晴彦
発行所 株式会社 集英社
〒101-8050 東京都千代田区一ツ橋2−5−10
電話 【編集部】03-3230-6144
【読者係】03-3230-6080
【販売部】03-3230-6393（書店専用）
印刷所 日本写真印刷株式会社
製本所 加藤製本株式会社

ISBN4-08-220009-6 C8645 NDC460

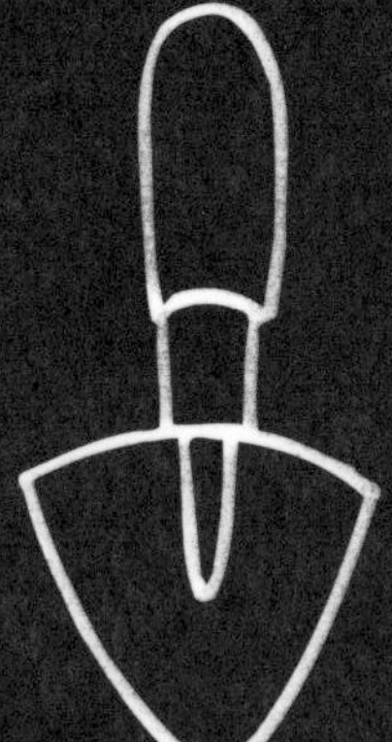